编程启蒙游戏书 玩玩乐乐学编程

加比的 IF/THEN 花园

[美]卡罗琳·卡兰贾 著
[英]本·怀特豪斯 绘
刘畅 译

中国出版集团　现代出版社

来见见我们的小编程师吧!

这是阿娣。

阿娣喜欢艺术和手工艺品,她会花很多时间去画画、玩音乐和做手工。每当看见新奇的东西时,她总是想要了解它们是怎么产生的。阿娣经常会说:"我想知道……"

这是加比。

加比喜欢读书、做户外运动和照顾她的小狗查理。她总是对事物是怎么工作的感到好奇。每当有东西需要修理时,她都会努力找到最好的方法去改进它。加比常常会说:"如果……将会……"

阿娣和加比是一对好搭档。

每年春天,阿娣和加比都会帮助大人整理花园,她们要松土,选种子,种下各种各样的植物。

如果天气晴朗,那么就要给植物浇水。
如果下雨,那么就不需要给植物浇水。
如果长了杂草,那么就要把杂草拔掉。
如果兔子吃掉了植物,那么就需要重新种一次!

今天，阿娣和加比在加比家的院子里玩耍。

加比对阿娣说："妈妈说我们可以去采摘番茄了。红色的番茄代表已经成熟，绿色的番茄代表还未成熟。所以如果番茄是红色的，那么我们就把它摘下来放进篮子里，如果番茄是绿色的，那么我们就把它留下来继续生长。"

"如果／那么（if/then）"句式 >>>

关于"如果／那么（if/then）"句式的例子，在我们身边到处都是：在家里、在学校里、在自然界中。计算机也会在代码中使用"如果／那么（if/then）"句式。

代码就像计算机的一组指令，可以让计算机执行一个任务，比如，显示视频或者玩游戏。在代码中，"如果／那么（if/then）"句式被称作条件语句。"如果（if）"是条件，"那么（then）"是结果。不同的条件将导致不同的结果。如果你对计算机做了什么事情，那么计算机就会反映出来。

例如：

如果你按了键盘上的数字键"3"，那么电脑屏幕上就会显示"3"。

"如果／那么（if/then）"句式是一种可以让我们告诉计算机在什么条件下去做什么的方式。

"我们要给植物浇水吗?"阿娣问道。

"好哇!"加比说,"如果我们转动这个把手,那么水就会从水管中流出来。"

阿娣说:"如果我们移动了伞,那么植物就会晒到阳光。"

这让加比想到了一个好点子:"我们来玩'如果／那么'游戏吧!"
"那你得先告诉我这个游戏怎么玩!"阿娣笑着说。

加比说:"发出指令的人是程序员,听从指令的人是计算机,程序员给计算机下达指令,而计算机要根据指令去做对应的事情。就像这样:如果程序员说'噗噗',那么计算机就要说'哗哗'!"

"噗噗!"加比说道。

"哗哗!"阿娣说道。

"噗噗!"加比继续说道。

"哗哗!"阿娣继续说道。

"砰砰!"加比接着说。

阿娣用手捂住嘴巴,摇了摇头,"我说不出来了!你刚刚说的不是正确指令!"

噗噗 ➡ 哗哗

"计算机,你做得棒极了!你遵循了程序员的指令!"加比说,"现在轮到你当程序员了。"

"好的,"阿娣想了想说,"如果程序员跳了一下,那么计算机就要翻一个跟头。"

阿娣跳了一下,加比立刻翻了个跟头,阿娣又跳了一下,但加比这次却没有翻跟头。

"计算机,你怎么了?"阿娣奇怪地问道。

"代码中出现了一个故障!"加比说,"为了修复它,程序员必须向计算机提问。"

"嗯,"阿娣想了想问道,"你受伤了吗?"

加比摇了摇头。

阿娣又问道:"你累了吗?"

代码中的故障 >>>

有时候,计算机不能按照我们的预想去完成工作,代码也不起作用,这就需要程序员多次尝试,弄清楚到底哪里出了问题。这个问题被称为"故障",修复它的行为则被称为"调试"。程序员调试代码是为了使计算机能够再次正常工作。

加比再次摇了摇头,并举起双手给了阿娣一个暗示。

"哦!"阿娣叫道,"你的手脏了?"原来加比的双手沾满了番茄汁。

加比点了点头,然后甩了甩她那脏兮兮的双手说道:"我翻跟头的时候把手压在番茄上了!"

阿娣和小狗查理帮加比把双手清洗干净。

"好啦,让我们再试一次!"阿娣一边说一边跳了一下,加比跟着翻了一个跟头。

"计算机再次运转啦!"加比欢呼道,"程序员在查理的帮助下调试代码成功!"

"'如果／那么'游戏真好玩！"阿娣说。
"这是让计算机知道它该做什么事情的方式，"加比解释说，"程序员必须向计算机发出指令。"
阿娣说："就像在花园里一样？"
"是的！"加比点头。

在花园度过了愉快的一天后，加比和阿娣感到有些累了。

加比说："如果你妈妈同意的话，那么你明天还可以过来玩。"

阿娣说："如果你给我一些美味的梨子，那么我爸爸和我会做一个梨子派，明天带过来和你一起分享……"

"好的！"加比说，"我们俩真是一对好搭档！"

试一试

你能用"如果/那么"句式来匹配这些果蔬吗?

花园里有各种各样的水果和蔬菜,我们可以用它们来制作美味可口的食物!

小朋友们,将下面的果蔬进行配对,一起来做美味的食物吧!

如果你有……

那么你可以制作……

用编程思维回答问题！

★ 你能想到一个如果周六下雨了，可能会做的事情的"如果／那么"句式吗？如果周六是个晴天呢？

★ 思考一个关于制作早餐的"如果／那么"句式。

★ 想一想你知道的计算机游戏或程序。当你玩游戏或运转程序时的"如果／那么"条件句式应该是什么呢？当你按下某个按钮时会发生什么？当你输掉或者赢了那个游戏时又会发生什么呢？

词汇表

故　　障　计算机程序中的一个错误，会让计算机无法正常工作。

代　　码　由计算机执行的一个或多个规则或指令。

指　　令　一个可以告诉计算机去做某事的指示和命令；多个指令组合在一起就构成了计算机程序。

计 算 机　一台可以存储和处理大量信息的电子机器。

条　　件　为了使某些事件发生的一些必须为真的事件。

条件语句　仅在某些事件发生或为真时运行的语句，也被称为"如果/那么"句式。

调　　试　查找并修复程序中的错误。

结　　果　运行一组指令后的结果。

程 序 员　编写代码的人，其所编写的代码可在机器上运行。

关于作者 >>

卡罗琳·卡兰贾在技术层面是一个开发者和设计者。她擅长将编程知识与日常生活结合在一起。她特别乐于分享自己的知识，喜欢弄明白事情的来龙去脉。

版权登记号：01-2019-1222

图书在版编目（CIP）数据

编程启蒙游戏书：玩玩乐乐学编程 /（美）卡罗琳·卡兰贾著；(英)本·怀特豪斯绘；刘畅译. -- 北京：现代出版社，2019.7

ISBN 978-7-5143-7983-9

Ⅰ.①编⋯ Ⅱ.①卡⋯ ②本⋯ ③刘⋯ Ⅲ.①程序设计—儿童读物 Ⅳ.① TP311.1-49

中国版本图书馆 CIP 数据核字 (2019) 第 142611 号

Coding Concepts Books included four books：*Adi's Sorts with Variables, Adi's Perfect Patterns and Loops, Gabi's Fabulous Functions, Gabi's If/Then Garden* by Caroline Karanja, Ben Whitehouse
Text Copyright © 2019 Caroline Karanja
Illustrations Copyright © 2019 Picture Window Books, a Capstone imprint. All rights reserved.

This Simplified Chinese edition distributed and published by Beijing Qianqiu Zhiye Publishing Co., Ltd. 2019 with the permission of Capstone, the owner of all rights to distribute and publish same.

编程启蒙游戏书：玩玩乐乐学编程

著　者	[美]卡罗琳·卡兰贾
绘　者	[英]本·怀特豪斯
译　者	刘　畅
责任编辑	陈秀香
出版发行	现代出版社
地　址	北京市安定门外安华里 504 号
邮政编码	100011
电　话	(010) 64267325
传　真	(010) 64245264
网　址	www.1980xd.com
电子邮箱	xiandai@vip.sina.com
印　刷	河北彩和坊印刷有限公司
开　本	787 mm×1092 mm　1/12
印　张	10
字　数	84 千字
版　次	2019 年 8 月第 1 版　2019 年 8 月第 1 次印刷
书　号	ISBN 978-7-5143-7983-9
定　价	135.00 元（全 4 册）

版权所有，翻印必究；未经许可，不得转载

SWING CHILDREN'S BOOK

秋千童书

编程启蒙游戏书 玩玩乐乐学编程

加比的神奇函数

[美]卡罗琳·卡兰贾 著
[英]本·怀特豪斯 绘
刘畅 译

来见见我们的小编程师吧！

这是阿娣。

阿娣喜欢艺术和手工艺品，她会花很多时间去画画、玩音乐和做手工。每当看见新奇的东西时，她总是想要了解它们是怎么产生的。阿娣经常会说："我想知道……"

这是加比。

加比喜欢读书、做户外运动和照顾她的小狗查理。她总是对事物是怎么工作的感到好奇。每当有东西需要修理时，她都会努力找到最好的方法去改进它。加比常常会说："如果……将会……"

阿娣和加比是一对好搭档。

加比和妈妈正在超市购买加比和阿娣设计的食谱中所需要的食材。食谱是制作美味食物的指南！

蓝莓+草莓+香蕉=水果沙拉

番茄+青椒+酸橙汁+香菜=辣番茄酱

今天是加比爸爸的生日,加比想为爸爸做一顿丰盛的早餐。阿娣也来帮助她一起完成这个任务。

加比的妈妈要去上班了。走之前,她准备好了做水果沙拉和炸玉米饼所需要的食材。

"我们先做水果沙拉吧,这个最容易做。"阿娣说道。

加比对照着食谱说:"我们需要蓝莓、草莓……"

"把食材混合在一起来制作新的食物,就像计算机编程中的一个函数。"阿娣说,"当你想要一块饼干时,你不会说'请给我鸡蛋、面粉、糖、黄油和巧克力片',只需要说'请给我饼干!'。"

"函数对计算机来说就像一个食谱！"加比说，"这个食谱会告诉计算机，当你说'饼干'时，你真正的意思其实是：把鸡蛋、面粉、糖、黄油和巧克力片混合在一起，然后把混合物烘焙成圆形的东西。"

函数 >>>

函数是一组执行特定任务的代码块，它会告诉计算机你需要它做什么事情，并且不需要解释每一步。

函数可以帮助程序员避免重复相同的操作。当你需要反复执行同一个任务时，你就可以创建一个函数作为快捷方式。

函数包括输入和输出，输入就像鸡蛋、面粉、糖、黄油和巧克力片等原料，而输出则像饼干。

阿娣建议道:"我们不做水果沙拉,改做一个芭菲吧?"

加比问:"芭菲是什么呀?"

阿娣回答说:"它是用酸奶、浆果和麦片做成的食物。现在我们已经有了浆果,所以只需要一些酸奶和麦片就可以了。"

加比打开冰箱看了看,说:"这些食材我们都有。"

阿娣高兴地说:"那太好啦!"

阿娣往碗里倒了一些酸奶,然后加入了一些浆果,加比又在碗里撒上了一些麦片。美味的芭菲做好啦!

加比拿起炸玉米饼的食谱，说道："如果食谱就像函数，那么它的输入就是：豆泥、碎奶酪、牛油果、生菜、辣番茄酱和玉米饼。"

多亏了加比妈妈提前准备好的食材，阿娣和加比顺利地做好了炸玉米饼。

阿娣兴奋地欢呼着："所以它的输出就是炸玉米饼！现在我们只需要把它加热就好了。"

"让我们再多做些芭菲吧！"加比建议道，"我们制作一个函数模型怎么样？一个制作芭菲的函数模型！"

加比和阿娣做了一个指示牌,上面写着"输入",她们把它放在了酸奶、浆果和麦片的旁边。然后又做了一个指示牌,上面写着"输出",用来代表制作完成的芭菲。

在这两个指示牌中间,阿娣和加比放了一个盒子,上面写着"函数"。

加比说:"当我们输入这些食材时,输出将会是一个芭菲!"

视频游戏中的函数 >>>

在一个视频游戏中,如果你想要你的角色奔跑、跳跃或转弯,这需要编写几组代码块才能实现,并且这些代码块还要按照特定顺序排列。你可以为每个任务创建一个函数,它可将多个步骤合为一体,这样你就不必进行反复的操作了。这些代码块是函数的输入,而游戏角色的动作则是输出。

你可以把你的函数命名为:奔跑、跳跃、左转或右转。这些函数可能如下所示:

代码 a + 代码 b + 代码 a = 奔跑

代码 c + 代码 d = 跳跃

代码 e + 代码 f = 左转

代码 e + 代码 g = 右转

每个函数都有属于自己的代码块。你只需点击一下,你的角色就可以奔跑、跳跃或转弯来赢得游戏的胜利啦!

加比的爸爸走进了厨房。

加比和阿娣大声喊道:"生日快乐!"

加比对爸爸说:"我们用函数给您制作了早餐。"

阿娣接着说:"让我们为您展示一下我们的芭菲函数模型吧!"

加比开心地答道:"我来扮演计算机。"

加比站在盒子后面,这样爸爸就看不到她在做什么了。"请输入!"她对阿娣说。

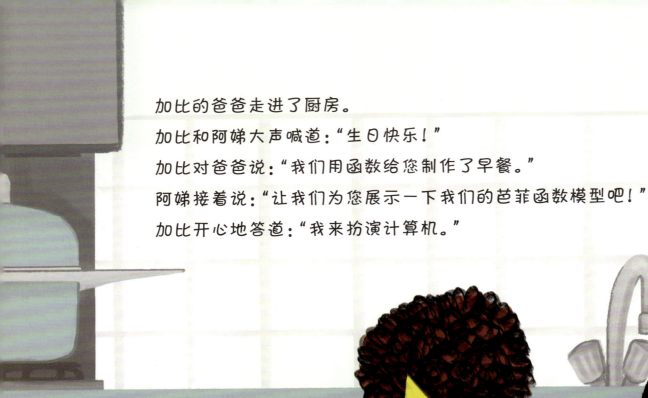

输　入

阿娣把酸奶、浆果和麦片递给她。加比站在盒子后面，迅速地将这些食材混合在了一个漂亮的玻璃杯里，然后把做好的芭菲放在了"输出"指示牌的旁边。

叮!烤箱响了一声。

加比说:"现在炸玉米饼也做好啦!"她小心翼翼地把玉米饼放在盘子里,然后递给爸爸。阿娣也为加比爸爸端来了芭菲。

加比爸爸尝了一口芭菲,赞叹道:"这是我吃过的最美味的'输出'了!代码很棒,烹饪女孩们更棒!"

试一试

哪一种函数能制作出完美的比萨呢？

阿娣和加比决定做一个比萨当午餐。

做比萨要用到的食材，或者说输入，包括奶酪、酱汁、生面团和意大利辣香肠。这些食材，就像函数中的那些代码一样，需要按照一定的顺序排列，才能获得正确的结果。那么下面哪一列的顺序是正确的呢？

A B C

 用编程思维回答问题！

★ 想一想你最喜欢的游戏，你能写出玩这个游戏时所需要的函数或一系列指令吗？

★ 思考一个制作三明治或者其他你爱吃的食物的函数。千万不要忘记记下所有输入，否则你将无法得到正确的输出！

★ 你做过手工吗？做过麦片粥吗？这些都是函数哟！你还能想到其他什么函数吗？

词汇表

代　码	由计算机执行的一个或多个规则或指令。
代码块	组合在一起的一组代码。
计算机	一台可以存储和处理大量信息的电子机器。
功　能	一组能够组合起来创建一个特定结果的步骤或指令。
输　入	一个输入的指令。
输　出	输入一组特定指令和步骤后产生的结果。
程序员	编写代码的人，其所编写的代码可在机器上运行。
任　务	一件需要完成的工作。

关于作者 >>

卡罗琳·卡兰贾在技术层面是一个开发者和设计者。她擅长将编程知识与日常生活结合在一起。她特别乐于分享自己的知识，喜欢弄明白事情的来龙去脉。

版权登记号：01-2019-1224

图书在版编目（CIP）数据

编程启蒙游戏书：玩玩乐乐学编程/（美）卡罗琳·卡兰贾著；（英）本·怀特豪斯绘；刘畅译. —— 北京：现代出版社，2019.7

ISBN 978-7-5143-7983-9

Ⅰ. ①编… Ⅱ. ①卡… ②本… ③刘… Ⅲ. ①程序设计—儿童读物 Ⅳ. ①TP311.1-49

中国版本图书馆 CIP 数据核字 (2019) 第 142611 号

Coding Concepts Books included four books: *Adi's Sorts with Variables*, *Adi's Perfect Patterns and Loops*, *Gabi's Fabulous Functions*, *Gabi's If/Then Garden* by Caroline Karanja, Ben Whitehouse
Text Copyright © 2019 Caroline Karanja
Illustrations Copyright © 2019 Picture Window Books, a Capstone imprint. All rights reserved.

This Simplified Chinese edition distributed and published by Beijing Qianqiu Zhiye Publishing Co., Ltd. 2019 with the permission of Capstone, the owner of all rights to distribute and publish same.

编程启蒙游戏书：玩玩乐乐学编程

著　者	［美］卡罗琳·卡兰贾
绘　者	［英］本·怀特豪斯
译　者	刘　畅
责任编辑	陈秀香
出版发行	现代出版社
地　址	北京市安定门外安华里 504 号
邮政编码	100011
电　话	(010) 64267325
传　真	(010) 64245264
网　址	www.1980xd.com
电子邮箱	xiandai@vip.sina.com
印　刷	河北彩和坊印刷有限公司
开　本	787 mm×1092 mm　1/12
印　张	10
字　数	84 千字
版　次	2019 年 8 月第 1 版　2019 年 8 月第 1 次印刷
书　号	ISBN 978-7-5143-7983-9
定　价	135.00 元（全 4 册）

版权所有，翻印必究；未经许可，不得转载

阿娣的完美循环

编程启蒙游戏书 玩玩乐乐学编程

[美]卡罗琳·卡兰贾 著
[英]本·怀特豪斯 绘
刘畅 译

中国出版集团 现代出版社

来见见我们的小编程师吧!

这是阿娣。

阿娣喜欢艺术和手工艺品,她会花很多时间去画画、玩音乐和做手工。每当看见新奇的东西时,她总是想要了解它们是怎么产生的。阿娣经常会说:"我想知道……"

这是加比。

加比喜欢读书、做户外运动和照顾她的小狗查理。她总是对事物是怎么工作的感到好奇。每当有东西需要修理时,她都会努力找到最好的方法去改进它。加比常常会说:"如果……将会……"

阿娣和加比是一对好搭档。

加比准备今天放学后去阿娣家玩。校车到站了,加比和阿娣向司机道谢后一起下了车,司机挥挥手向她们告别,又出发驶向下一站。

小狗查理跑来迎接加比和阿娣,"你好,查理!"她们俩一起说道。

邮递员克鲁丝女士停下了她的小货车,准备为附近的人们派送信件。加比和阿娣忙打招呼道:"您好,克鲁丝阿姨!"

克鲁丝阿姨也向她们说道:"你们好呀!"
"您今天停了许多站吗?"加比问道。
克鲁丝阿姨回答说:"每天都会停在同样的站点。"
阿娣开心地说:"就像校车司机一样吗?"

邮递员的循环

接收邮件
↓
派送邮件
↓
到下一家

"是的！校车司机和我每天都在做循环的工作——接收、派送,然后不断重复这个过程！"说完,克鲁丝阿姨就跳上了她的小货车,沿街继续向前开去。

加比对阿娣说:"你知道还有谁的工作和循环有关吗？计算机程序员呀！循环可以使程序员不必重复发出指令。"

校车司机的循环

接/送学生

⬇

开往下一站

加比接着说:"当程序员需要重复完成某项任务时,他不会一遍又一遍地给出相同指令,而是通过编写循环代码来重复这些指令。然后,计算机将遵循重复的模式,直到任务完成。"

阿娣说道:"校车司机和邮递员的工作都是循环的,他们在每一站都要执行相同的任务!我想知道还有什么工作也是这样的。"

加比回答道:"还有很多呀!在工厂、餐馆或办公室里,许多工作都是循环的。同样的工作一次又一次地重复,直到工作完成。"

循环是什么? >>>

在程序设计中,循环会使计算机反复执行某些代码,直到完成任务。程序员们可以在其循环代码中添加语句,例如"如果……那么……"语句。如果校车车站有学生在等车,那么司机就要进站停车。如果校车车站没有学生在等车,那么司机就可以继续前进。

当她们走进屋里,阿娣发现门边有一个大箱子。阿娣的妈妈说:"看看邮递员送来了什么?是爷爷寄来的。"

阿娣迫不及待地打开了箱子,原来里面是一套可爱的小火车玩具。

"哇,太棒了!"她高兴地对加比说,"想帮我一起搭建火车轨道吗,加比?"

"当然！"加比也非常兴奋。

她们俩一起把箱子搬进了客厅。这套火车玩具有轨道零件和不同类型的火车车厢，还有一些建筑物、一个遥控器，甚至还有一些迷你的人物模型。

阿娣和加比认真地搭建着小火车的轨道。它们有的是直的，有的是弯的，甚至还有桥梁式的。

阿娣说："我们的小火车只有一条路线，就像校车司机和邮递员一样，它必须要在每个站点重复它的任务。"

加比建议道:"我们给小火车编写一组循环代码来帮助它完成工作任务怎么样?"

"好主意!"阿娣回答道。她拿起一个建筑模型继续说道,"我们可以用这些零件来搭建火车站,好让小火车在每个车站都可以运行它的循环代码。"

循环代码的使用 >>>

很多电脑游戏和应用程序都会使用循环。比如,在线购物网站可以设置一个循环:每当顾客完成一次消费时,网站系统便会向顾客发送一封感谢邮件。在电脑游戏中,你可能会看到某个游戏角色在反复做相同的动作,这正是因为程序员为这个角色设计了一个循环!

加比说:"那现在就开始搭火车吧!"

阿娣说:"我们的小火车就像一个代码块,我们必须编写好它的代码,这样它才能知道在每一站应该做什么。"

"是的!"加比说,"我们的小火车有三个任务:进站,卸货,装货。"

"是货物和人!"阿娣纠正道。

模式 >>>

当程序员在代码中发现了一个重复的模式时,他们并不是在程序中多次编写代码块,而是会创建一个循环来节省时间。创建循环可以让程序使用起来更简单快捷。

"好的,现在让我们来创建属于我们的代码块吧!首先是火车头,它的任务是在每个车站停车。"阿娣做了一个小标签,上面写着"开到下一站",然后把它贴到了火车头上。

开到
下一站

放下乘客
和货物

接收乘客
和货物

她们决定将蓝色车厢的任务设定为在每个车站放下要下车的乘客和货物,并做了一个写着"放下"的标签贴在了蓝色车厢上。
　　将红色车厢的任务设定为从每个车站接收要上车的乘客和货物,也做了一个写着"接收"的标签贴在了红色车厢上。

"代码块构建好了,现在让它运作起来看看吧!"阿娣兴奋地说。

"当然!现在你就是计算机程序员!"加比把遥控器递给了阿娣。

"各位请上车!我们要出发啦!"阿娣一边大声喊,一边启动了小火车。

当火车拐弯时,她们就模仿火车发出"呜——呜——"的声音。当火车抵达第一站时,阿娣用遥控器停下了火车,加比从蓝色车厢里取下一个玩具,放在了火车站,然后帮助两位乘客坐上了红色车厢。

"我们的代码是有效的!"阿娣欢呼道。她高举着双手与加比击了个掌。

加比说:"让我们再试一次!哐当、哐当、呜——呜——"

试一试

你能编写一组循环代码吗?

阿娣和加比准备在她们住的小区里售卖饼干。你能用玩具或手指，指出她们去往每座房子的路线吗？她们会有以下四个需要重复的任务，她们应该以什么样的顺序进行循环呢？你能为她们编写一个循环代码吗？

任务

- 给他们饼干
- 按门铃
- 询问他们是否想要饼干
- 收钱

 用编程思维回答问题！

★ 你的日常循环是如何开始和结束的呢？每天早上或晚上，你都会做什么事情？

★ 除了校车司机和邮递员，你还能说出什么工作与循环有关吗？

★ 试着为你每天所做的事情编写一组循环代码。它的步骤是什么呢？在书桌上放置你所编写的循环代码，以便每天提醒自己！

词汇表

代　码	由计算机执行的一个或多个规则或指令。
任　务	一件需要完成的工作。
循　环	会一次又一次重复发生的事情。
模　式	一个重复的序列；按照一个特定的顺序排列的事项。
程序员	编写代码的人，其所编写的代码可在机器上运行。
指　令	一个可以告诉计算机去做某事的指示和命令；多个指令组合在一起就构成了计算机程序。

关于作者 >>

卡罗琳·卡兰贾在技术层面是一个开发者和设计者。她擅长将编程知识与日常生活结合在一起。她特别乐于分享自己的知识，喜欢弄明白事情的来龙去脉。

版权登记号：01-2019-1223

图书在版编目（CIP）数据

编程启蒙游戏书：玩玩乐乐学编程 /（美）卡罗琳·卡兰贾著；（英）本·怀特豪斯绘；刘畅译 . —— 北京：现代出版社，2019.7
ISBN 978-7-5143-7983-9

Ⅰ. ①编… Ⅱ. ①卡… ②本… ③刘… Ⅲ. ①程序设计—儿童读物 Ⅳ. ① TP311.1-49

中国版本图书馆 CIP 数据核字 (2019) 第 142611 号

Coding Concepts Books included four books: *Adi's Sorts with Variables*, *Adi's Perfect Patterns and Loops*, *Gabi's Fabulous Functions*, *Gabi's If/Then Garden* by Caroline Karanja, Ben Whitehouse
Text Copyright © 2019 Caroline Karanja
Illustrations Copyright © 2019 Picture Window Books, a Capstone imprint. All rights reserved.

This Simplified Chinese edition distributed and published by Beijing Qianqiu Zhiye Publishing Co., Ltd. 2019 with the permission of Capstone, the owner of all rights to distribute and publish same.

编程启蒙游戏书	玩玩乐乐学编程
著　　者	［美］卡罗琳·卡兰贾
绘　　者	［英］本·怀特豪斯
译　　者	刘畅
责任编辑	陈秀香
出版发行	现代出版社
地　　址	北京市安定门外安华里 504 号
邮政编码	100011
电　　话	(010) 64267325
传　　真	(010) 64245264
网　　址	www.1980xd.com
电子邮箱	xiandai@vip.sina.com
印　　刷	河北彩和坊印刷有限公司
开　　本	787 mm×1092 mm　1/12
印　　张	10
字　　数	84 千字
版　　次	2019 年 8 月第 1 版　2019 年 8 月第 1 次印刷
书　　号	ISBN 978-7-5143-7983-9
定　　价	135.00 元（全 4 册）

版权所有，翻印必究；未经许可，不得转载

编程启蒙游戏书 玩玩乐乐学编程

阿娣的超级变量

[美]卡罗琳·卡兰贾 著
[英]本·怀特豪斯 绘
刘畅 译

中国出版集团 现代出版社

来见见我们的小编程师吧!

这是阿娣。

阿娣喜欢艺术和手工艺品,她会花很多时间去画画、玩音乐和做手工。每当看见新奇的东西时,她总是想要了解它们是怎么产生的。阿娣经常会说:"我想知道……"

这是加比。

　　加比喜欢读书、做户外运动和照顾她的小狗查理。她总是对事物是怎么工作的感到好奇。每当有东西需要修理时,她都会努力找到最好的方法去改进它。加比常常会说:"如果……将会……"

阿娣和加比是一对好搭档。

阿娣的卧室需要打扫了,里面简直一团糟!衣服被扔在床上,图书被扔在地板上,玩具被弄得到处都是……看来阿娣今天有很多事情要做了!幸好加比和她的小狗查理来帮忙了。

"我们应该从哪里开始呢?"加比问道。

"最简单的办法就是把所有东西都塞进柜子里,"阿娣说,"但是我妈妈应该不会同意我这么做。我们现在需要一个系统。"

加比说:"我的房间里有带标签的收纳箱,它们可以帮我分类物品。"

阿娣点头赞成:"那真是个好主意!就像程序员会创建一个系统来保证代码块的有序运行一样。他们会使用到变量。每一个变量都像一个可以存放东西的箱子。"

"你说得对!"加比点点头,"变量里保存的东西被称为值。"

阿娣开玩笑说:"这样的话,我所有的东西都是值,都是我的宝贵财富!"

变量和值 >>>

在编程中，变量就像篮子、柜子或箱子，它是帮助计算机储存代码块的容器，以便程序员查找他所需要的数据。程序员需要给变量取一个名字，这称为"声明变量"。名称是对变量的描述。存储在变量内部的数据叫作"值"，将值放入变量中即为"定义变量"。

打个比方，当你玩游戏时，你获得的分数是17，这里的"分数"相当于编程中的变量，"17"就相当于变量中的值。每当你多得一分，这个值就会跟着变化。

得分（值）

分数

箱子（变量）

"如果说书架是编程中的变量,那么图书就是这个变量的值。"阿娣继续说道。

"那洗衣篮就是脏衣物的变量,"加比接着说,"干净的衣服要放在柜子里,玩具要放到玩具箱里,而这个盒子是用来装美术用品的。"

阿娣喊道:"还有我的存钱罐!这是我用来存钱的变量。"

"钱是一个非常有价值的值!"加比笑着说。

"让我们来为这些变量起个名字吧!"阿娣建议道,"它们装着什么东西就叫什么名字。"

阿娣拿来一支记号笔和一些纸,开始用它们制作标签。标签做好后,加比把每个标签分别贴在了变量上。

阿娣和加比要把每件东西都放到相应的地方。查理也来帮忙了。
"晚礼服和戏服应该放到哪里呢?"加比问道。

阿娣看了看,回答道:"那些衣帽钩可以作为它们的变量。"说完,她做了一个标签,贴在了衣帽钩的上面。

代码中的变量

变量存储了程序员需要反复使用的代码块。例如,当程序员希望在某些应用程序或网站上显示每一天的日期时,他就可以创建一个名为"日期"的变量来存储相应的代码,每当新一天到来时,该值就会自动更新日期。

加比找到了一本图画书,她看了看书柜,建议道:"如果我们把图书按类型分类呢?书架的每一层都放一种不同类型的图书。"

　　阿娣说:"在编程中,这种情况叫作'数组'。数组是同一变量中的不同类型。如果我的书架是一个变量,那么它的每一层都是一个数组。一层放故事书,一层放科普书,一层放手工书。"

数组 >>>

数组可以用来区分不同类型的值。如果我们把书架看作一个用来存放图书的变量,那么它的每一层都是变量中的一个数组,用来存放不同类型的值。数组可以帮助程序员快速准确地找到他们想要的具体的代码块。

加比说:"你的学习桌也有数组,就是那些抽屉!"

阿娣看着她的玩具箱说:"虽然玩具都装好了,但是它们都混在了一起,找起来太麻烦啦。"

"我们应该创建更多的数组!"加比建议道。

"这太简单啦!"阿娣兴奋地说,"每个收纳箱都可以是一个数组。你猜我们能不能闭着眼睛完成分类呢?让我们来试一试吧!"

加比和阿娣先是清空了收纳箱,又挨个儿拿起玩具,凭着触摸的感觉将它们放在不同的箱子里。积木、玩具火车的零件、毛绒玩具和球都被放入了相应的收纳箱里。

终于收拾完了，加比和阿娣环顾了一下四周，房间看起来整洁多了！每一样东西都放到了该放的地方。房间里的变量有书架、柜子、洗衣篮、玩具箱、收纳盒、存钱罐，甚至还有衣帽钩。这些变量都有自己不同类型的值，并且它们都承担着一项特殊的任务，那就是让阿娣的东西整整齐齐！

"现在,你的房间已经整理好了,接下来我们要做什么呢?"加比问道。

阿娣笑着说:"再把它们搞乱!"

加比也笑了,说道:"让我们来建造一座城市吧!"

阿娣说道:"好的,我来制订建造计划,你去拿积木!"

试一试

你能将这些人(值)与他们的工作场所(数组)配对吗?

想象一下,加比和阿娣正在建造的城市是一个变量,那么居住在那里的人们就是这个城市的值,城市里的每栋建筑物就是变量的数组。请你动一动脑筋,将每个值与其所属的数组进行配对吧!

 用编程思维回答问题！

★ 在阿娣的房间里，柜子、书架、存钱罐等都是变量，你能在日常生活中找到其他变量吗？找到变量后，能说出来它的值是什么吗？快和大家分享一下你的发现吧。

★ 如果我们把季节看成一个变量，那么冬天就是它的一个数组，滑雪就是冬天这个数组的一个值。游泳就是夏天的值。你能按照这个思路，说出其他季节的值是什么吗？

★ 仔细观察一下你家的厨房，你能找出包含数组的变量吗？

词汇表

- **数组** 一种在变量中存储多个值的方法。
- **代码** 由计算机执行的一个或多个规则或指令。
- **计算机** 一台可以存储和处理大量信息的电子机器。
- **程序员** 编写代码的人，其所编写的代码可被机器运行。
- **值** 一条信息。
- **变量** 一种命名和存储值以供代码随后使用的方法；一种存储值的方法。

关于作者 >>

卡罗琳·卡兰贾在技术层面是一个开发者和设计者。她擅长将编程知识与日常生活结合在一起。她特别乐于分享自己的知识，喜欢弄明白事情的来龙去脉。

版权登记号：01-2019-1221

图书在版编目（CIP）数据

编程启蒙游戏书：玩玩乐乐学编程 /（美）卡罗琳·卡兰贾著；（英）本·怀特豪斯绘；刘畅译 .-- 北京：现代出版社，2019.7
ISBN 978-7-5143-7983-9

Ⅰ.①编… Ⅱ.①卡… ②本… ③刘… Ⅲ.①程序设计—儿童读物 Ⅳ.① TP311.1-49

中国版本图书馆 CIP 数据核字 (2019) 第 142611 号

Coding Concepts Books included four books: *Adi's Sorts with Variables, Adi's Perfect Patterns and Loops, Gabi's Fabulous Functions, Gabi's If/Then Garden* by Caroline Karanja, Ben Whitehouse
Text Copyright © 2019 Caroline Karanja
Illustrations Copyright © 2019 Picture Window Books, a Capstone imprint. All rights reserved.

This Simplified Chinese edition distributed and published by Beijing Qianqiu Zhiye Publishing Co., Ltd. 2019 with the permission of Capstone, the owner of all rights to distribute and publish same.

编程启蒙游戏书：玩玩乐乐学编程	
著　者	[美] 卡罗琳·卡兰贾
绘　者	[英] 本·怀特豪斯
译　者	刘　畅
责任编辑	陈秀香
出版发行	现代出版社
地　址	北京市安定门外安华里 504 号
邮政编码	100011
电　话	(010) 64267325
传　真	(010) 64245264
网　址	www.1980xd.com
电子邮箱	xiandai@vip.sina.com
印　刷	河北彩和坊印刷有限公司
开　本	787 mm×1092 mm　1/12
印　张	10
字　数	84 千字
版　次	2019 年 8 月第 1 版　2019 年 8 月第 1 次印刷
书　号	ISBN 978-7-5143-7983-9
定　价	135.00 元（全 4 册）

版权所有，翻印必究；未经许可，不得转载